二十四节气里的诗

天马座幻想◎编著　蓝山◎绘

電子工業出版社
Publishing House of Electronics Industry
北京·BEIJING

图书在版编目（CIP）数据

二十四节气里的诗. 夏 / 天马座幻想编著；蓝山绘. — 北京：电子工业出版社, 2018.5

ISBN 978-7-121-33626-3

Ⅰ. ①二… Ⅱ. ①天… ②蓝… Ⅲ. ①二十四节气—通俗读物 Ⅳ. ①P462-49

中国版本图书馆CIP数据核字（2018）第053686号

策划编辑：周　林

责任编辑：裴　杰

印　　刷：北京文昌阁彩色印刷有限责任公司

装　　订：北京文昌阁彩色印刷有限责任公司

出版发行：电子工业出版社

北京市海淀区万寿路173信箱　邮编：100036

开　　本：880×1230　1/16　印张：13.75　字数：198 千字　彩插：1

版　　次：2018年5月第1版

印　　次：2018年5月第1次印刷

定　　价：138.00元（共4册）

凡所购买电子工业出版社图书有缺损问题，请向购买书店调换。若书店售缺，请与本社发行部联系，联系及邮购电话：（010）88254888，88258888。

质量投诉请发邮件至zlts@phei.com.cn，盗版侵权举报请发邮件至dbqq@phei.com.cn。

本书咨询联系方式：zhoulin@phei.com.cn，QQ 25305573。

目录 | CONTENTS

夏卷

立夏（5 月 5—7 日）

小满（5 月 20—22 日）

芒种（6 月 5—7 日）

目录 | CONTENTS

夏卷

夏至（6 月 20—22 日）

小暑（7 月 6—8 日）

大暑（7 月 22—24 日）

立夏

立夏四月始相争，
知他蝼蝈为谁鸣；
无端蚯蚓纵横出，
有意王瓜取次生。

农历二十四节气中的第七个节气，交节时间点为公历 5 月 5—7 日。立夏为四月节，孟夏时节的开始。

立夏表示即将告别春天，是夏天的开始。万物至此皆长大。立夏时节我国南北的气温差异较大。日平均气温稳定升达 22℃以上为夏季开始，进入“绿树阴浓”的夏季景色；江南地区则正式进入阴雨天气，被称为“早梅雨”，又称“迎梅雨”，指入梅前的阴雨天气，一般开始于 5 月，为期约半个月。而北方的华北、西北等地气温回升虽然很快，但降水不多，气候非常干燥。

立夏关键词

绿树成阴

池塘蛙鸣

芍药花开

山亭夏日

唐·高骈

绿树阴浓夏日长，
楼台倒影入池塘。
水精帘动微风起，
满架蔷薇一院香。

书湖阴先生壁

宋·王安石

茅檐长扫静无苔，
花木成畦手自栽。
一水护田将绿绕，
两山排闼送青来。

绿树成阴

进入夏季，树木生长葱郁，树叶稠密浓绿，阳光照到树冠上，便在地上投下大片的阴影，这便是绿阴。夏日中午的阳光充足，人们常常在树阴里休息。唐代诗人高骈在《山亭夏日》的诗中便写了夏日中午的美景：绿树繁茂成阴，楼台倒影池水中，池水被微风吹起波纹，满架的蔷薇让院中充满了芳香，构成了一幅色彩鲜丽的图画。宋代文学家王安石在某个夏日去隐士湖阴先生家小坐，见湖阴先生栽种的花木生长茂盛，随在他的居室墙壁题诗，借赞美花木来褒扬他教师育人的无私品质。

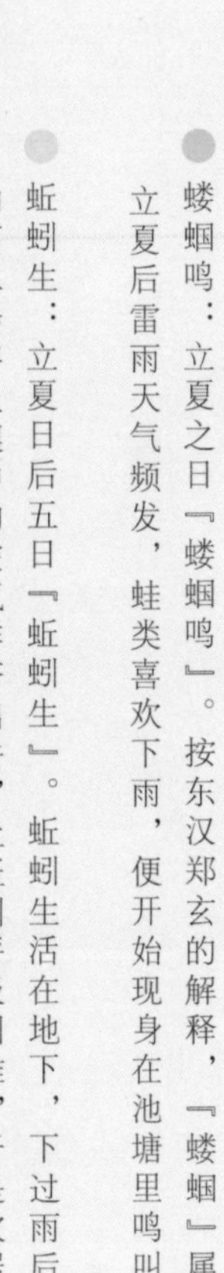

立夏三候

- 蝼蝈鸣：立夏之日『蝼蝈鸣』。按东汉郑玄的解释，『蝼蝈』属蛙类。立夏后雷雨天气频发，蛙类喜欢下雨，便开始现身在池塘里鸣叫了。
- 蚯蚓生：立夏日后五日『蚯蚓生』。蚯蚓生活在地下，下过雨后，过多的雨水会将土壤中的空气排挤出去，让蚯蚓呼吸困难，于是穴居在地下的蚯蚓便会爬出地面呼吸。
- 王瓜生：再五日『王瓜生』。王瓜生长了，它是一种葫芦科的土瓜，瓜熟时为红色，可以入药。

池塘蛙鸣

孟夏

唐·贾弇

江南孟夏天，
慈竹笋如编。
蜃气为楼阁，
蛙声作管弦。

青蛙是冬眠动物，每当春天到来，便从漫长的冬眠中醒来，纷纷爬出地面，开始新的生活。南方的青蛙在三四月份就开始产卵，水温达到 8 ~ 28℃ 是最适合的产卵温度，不用多久池塘里就会出现可爱的小蝌蚪了。等到初夏时节（初夏即孟夏）蝌蚪便长成青蛙。雄蛙口角的两边有能鼓起来振动的外声囊，声囊产生共鸣，使蛙的叫声洪亮。青蛙喜欢在水边生活、捕食，大雨后或夏夜里，常常可以听到雄蛙此起彼伏的叫声。

芍药花开

感芍药花寄正一上人

唐·白居易

今日阶前红芍药，
几花欲老几花新。
开时不解比色相，
落后始知如幻身。
空门此去几多地？
欲把残花问上人。

古人评价芍药与牡丹为“花中二绝”，称牡丹为花王，芍药为花相。芍药自古就被誉为爱情之花，又被人们称为“花仙”。初夏正是芍药盛开的时令，鲜花齐放，万紫千红，十分壮观，是公园中或花坛上的主要花卉。唐代诗人白居易写过一首寄给僧人的诗《感芍药花寄正一上人》，便是有感于芍药花而作，诗人写道：台阶前的红色芍药有多少花是刚开的，又有多少花将要衰老，盛开的时候不懂得珍惜，凋谢时才知道这些都是幻相，我拿残败的花朵问高僧，我离悟道还有多远？

节气赏味：立夏蚕豆饭（立夏饭）

蚕豆是季节性很强的一种时令蔬菜和食物，多在每年的立夏时节上市，在江南地区，人们有着立夏吃蚕豆饭的节气习俗，因带壳蚕豆形状像眼睛，人们在立夏吃蚕豆饭是祈祷一年里眼睛像新鲜豌豆那样清澈，无病无灾。

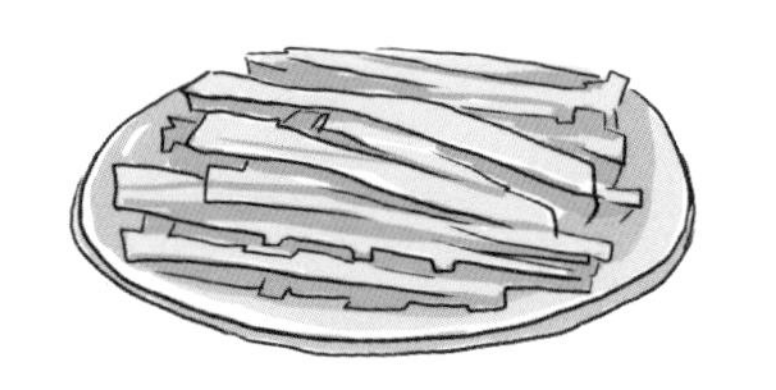

将新鲜青笋丝切成条

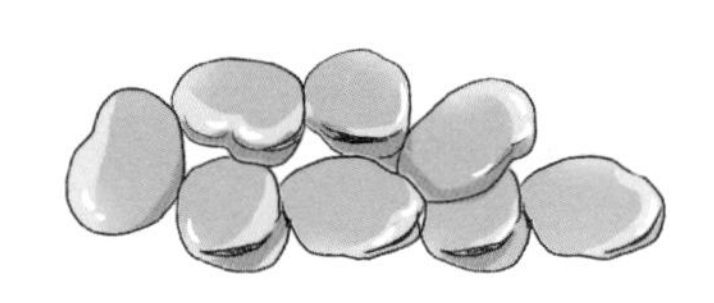

立夏时令青蚕豆

腊肉（或其他肉）切丝备用

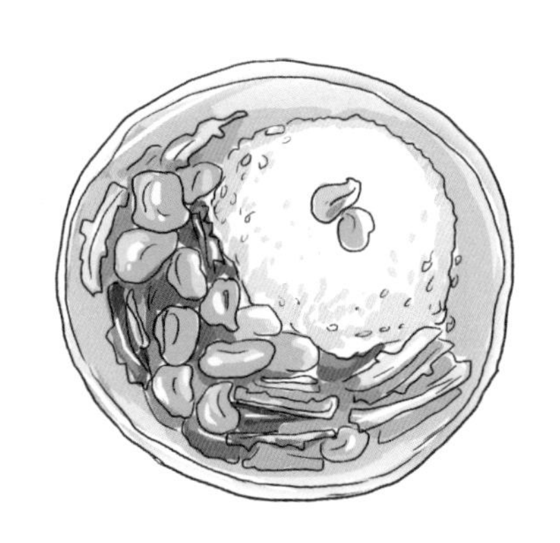

节气游戏：立夏挂蛋

立夏之后，由于天气变得炎热，小孩子会食欲减退，逐渐消瘦，身体也容易感到疲劳。每年立夏之日，家长将煮熟的鸡蛋、鸭蛋、鹅蛋装入用彩线编制的网袋里，挂在孩子的胸前，祈求免除病灾，被称为“立夏蛋”。

现在，让我们给“立夏蛋”穿上漂亮的“花衣”吧。

节气游戏：立夏挂蛋

传统的蛋兜就像个小网兜一样，网眼不要太大，底下加个“穗子”装饰即可。

1 先准备真鸡蛋几枚，彩绳3根或6根。

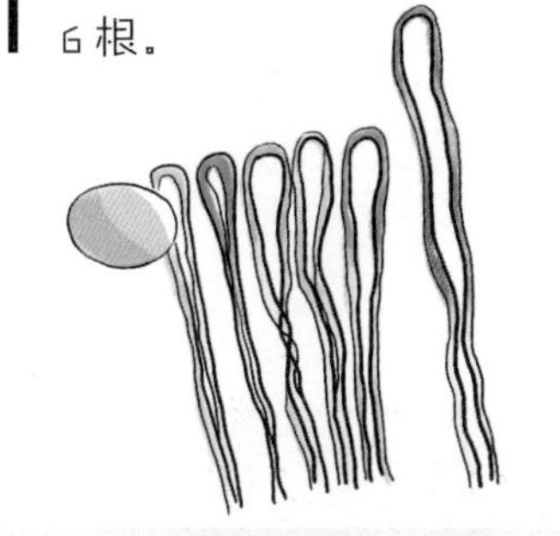

2 一根彩绳做挂绳，稍长一些。另外几根同样长度的彩绳用来编网。（图中3根短绳编出的网相当简易，建议用6根左右。）

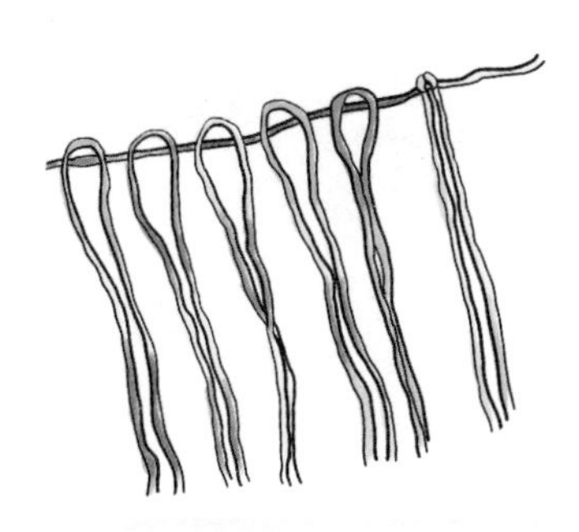

3 将短的彩绳固定在挂绳上。

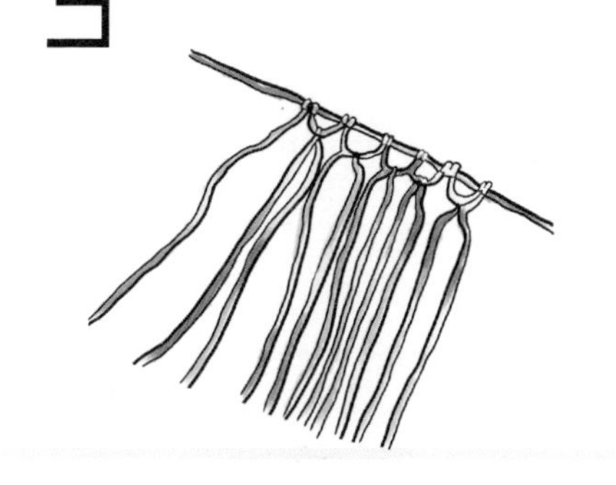

4 将相邻两根彩绳打结，注意每一层打结的上方彩绳长度相等。

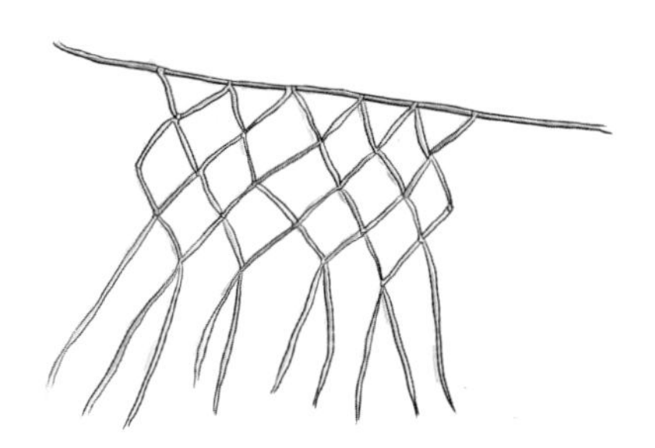

5 左右两边的彩绳也要打结，这样就会成为一个环状，将鸡蛋放进去之后所有的绳子收口打结。

6 最后在结尾处将所有线头集中在一起打个结，就完成了。

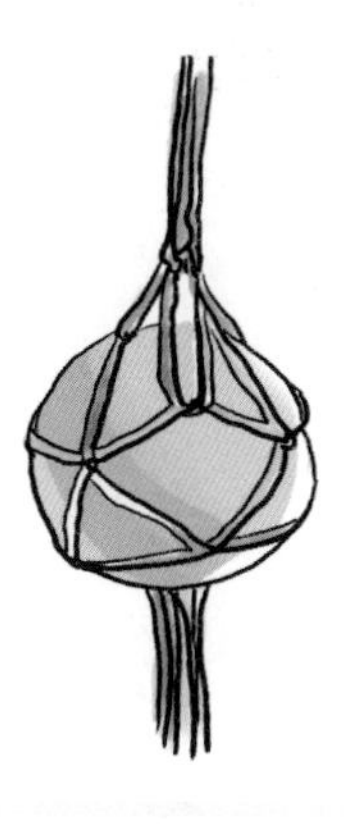

户外活动：立夏见三新，采摘樱桃正当时

立夏时节正是樱桃大量成熟的季节，樱桃营养丰富，常食可以增强体质、健脑益智，樱桃的外观十分诱人。采摘樱桃是一项郊游娱乐活动，在樱桃园林中可以享受原始的劳动乐趣。

我已经摘了满满一筐了，哎呀，萌萌虎你要洗洗再吃嘛！

新采摘的樱桃真好吃啊！

小满

小满瞬时更叠至，
闲寻苦菜争荣处；
靡草千村死欲枯，
微看初暄麦秋至。

农历二十四节气中的第八个节气，交节时间点为公历5月20—22日。小满为四月中，孟夏时节。万物“小得满盈”，俗语说：“小满小满，麦粒渐满。”小满是指谷物的籽已经开始饱满了，但还没有成熟。小满节气之后，除了谷物成熟，蚕也开始吐丝结茧了。我国自古在江浙一带，养蚕极为兴盛，因此这些地方在小满节气期间有一个祈蚕节，传说蚕神就是在小满这天诞生的。

小满关键词

小满麦盈

养蚕织布

蜻蜓起舞

小满麦盈

“小满”这个词的本意就是指北方夏熟作物在这一时期的生长状态，这时的小麦正在灌浆盈满。宋代诗人欧阳修在《小满》一诗中，生动形象地写出了小满时节，百花渐落，正在灌浆饱满的麦子在风中微摆的可爱姿态。

五绝·小满

宋·欧阳修

夜莺啼绿柳，

皓月醒长空。

最爱垄头麦，

迎风笑落红。

小满三候

苦菜秀：小满之日『苦菜秀』。苦菜是一种野菜，属菊科，春夏开花，味道苦，有清热去火之功效。

靡草死：小满后五日『靡草死』。按东汉郑玄的解释，『靡草』是荠、亭历之类的细枝叶草，三月开小黄花，四月结籽，入夏就枯死了。

麦秋至：再五日『麦秋至』。夏天成熟的麦子此时可以收割了。

养蚕织布

夏日田园杂兴（其一）

宋·范成大

昼出耘田夜绩麻，
村庄儿女各当家。
童孙未解供耕织，
也傍桑阴学种瓜。

乡村四月

宋·翁卷

绿遍山原白满川，
子规声里雨如烟。
乡村四月闲人少，
才了蚕桑又插田。

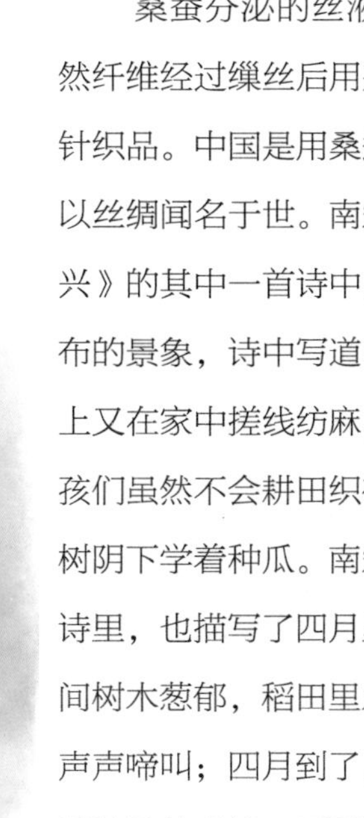

桑蚕分泌的丝液形成了长纤维的茧，这些天然纤维经过缫丝后用来织布，可以织制各种绸缎和针织品。中国是用桑蚕丝织绸最早的国家，自古就以丝绸闻名于世。南宋诗人范成大在《夏日田园杂兴》的其中一首诗中，描写了小满时节农家耕田织布的景象，诗中写道：农人白天里在田里锄草，晚上又在家中搓线纺麻，村里的男女在都忙碌着，小孩们虽然不会耕田织布，但也学着大人的样子在桑树阴下学着种瓜。南宋诗人翁卷在《乡村四月》的诗里，也描写了四月里农人忙碌的情景：山坡田野间树木葱郁，稻田里水光映天；杜鹃在烟雨蒙蒙中声声啼叫；四月到了，没有人闲着，刚刚结束了收蚕种桑的事情，又要插秧了。

蜻蜓起舞

小池

宋·杨万里

泉眼无声惜细流，
树阴照水爱晴柔。
小荷才露尖尖角，
早有蜻蜓立上头。

蜻蜓长着一对很有特色的翅膀、长长的身体和球形的眼睛，多生活在山间水草茂盛的溪流以及池塘、湖泊、沼泽等小型静水池地带。小满时节，温暖晴朗的天气里，便可以看到蜻蜓在飞舞。宋代诗人杨万里在《小池》的诗中，细腻地描写了小池周边自然景物的特征和变化。泉眼默默地冒出涓涓细流，像是珍爱和不舍这些泉水，绿树在和风轻柔的晴天喜欢把倒影留在池水里，娇嫩的小荷叶刚将尖尖的叶角伸出水面，就有顽皮的蜻蜓站在上面了。

户外活动：挖野菜

野菜的种类很多，比如苣荬菜、蒲公英、马齿苋等。挖野菜其实也是另一种形式的郊游踏青，在挖野菜的过程中可以锻炼身体、亲近自然，还可以让孩子认识几种可以食用的野菜。

拔啊，拔啊，拔不动啊！小朋友们，快快来，快来帮萌萌虎拔野菜。

节气赏味：食苦菜

苣荬菜，为桔梗目菊科植物，多年生草本，主要分布于我国西北、华北、东北等地，系野生于海拔 200—2300 米的荒山坡地、海滩、路旁等地。

蒲公英又称黄花苗、婆婆丁、黄花地丁等，为菊科植物，多生于山坡、田边、路旁、我国各地均有野生分布。主要食用部分为叶、花茎、根。

马齿苋，一年生草本，全株无毛。我国均有分布，是在乡间田野、荒地或路边随处可见的一种野菜。

苦菜是一种常见的野菜。小满时节，田野里的苦菜已经长大，可以食用了。苦菜味感甜中略带苦，可炒食或凉拌，有抗菌、解热、消炎、明目等功效。

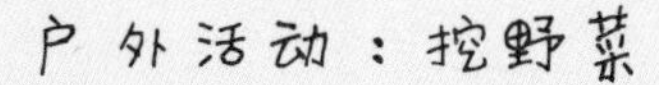

芒种

芒种一番新换豆，
不谓螳螂生如许；
鵙者鸣时声不休，
反舌无声没半语。

农历二十四节气中的第九个节气，交节时间点为公历6月5—7日，芒种为五月节，由此进入盛夏时节。芒种的“芒”指的是稻麦，麦子到此时就成熟了，田野里飘散着麦子的香味，而水稻在此时可以播种了，稻田里一片新绿，此时又要忙收割又要忙播种，农家进入最繁忙的时节。芒种时节天气开始变得炎热，我国长江中下游地区正式进入阴雨连绵的梅雨季节，阴雨天气将要持续一个多月。

芒种关键词

收麦种秋

黄梅时节

端午粽香

观刈麦（节选）

唐·白居易

田家少闲月，五月人倍忙。
夜来南风起，小麦覆陇黄。
妇姑荷箪食，童稚携壶浆，
相随饷田去，丁壮在南冈。
足蒸暑土气，背灼炎天光，
力尽不知热，但惜夏日长。

收麦种秋

芒种是初夏转向盛夏的开始，也是麦收夏种的大忙季节。俗话说，“芒种芒种，连收带种”。此时大麦、小麦都已经成熟，急需抢收，夏播作物也进入播种最忙的时期。唐代诗人白居易在《观刈麦》的诗中，这样写了麦收前的情景：农人一年四季很少有清闲的时间，特别是五月是一年中最忙的季节了。夜里刮起了干燥燠热的南风，覆盖田垄的小麦就已发黄成熟。女人们担着用竹篮盛着饭食到田间送饭，孩子提着壶水在后面跟随，收割小麦的男人站在南冈上，双脚受地面的热气熏蒸，脊梁被太阳烤晒着，精疲力竭的他们仿佛不知道天气炎热，只为珍惜夏日时间抓紧抢收。

芒种三候

- 螳螂生：芒种之日「螳螂生」。螳螂深秋时节产卵，一个卵里约有一百只螳螂幼崽，在芒种节气时破壳而出，能捕捉害虫。
- 鵙始鸣：芒种后五日「鵙始鸣」。「鵙」（jú）指的是伯劳鸟，五月开始鸣叫。「劳燕分飞」的劳指的就是这种鸟，当伯劳鸟遇见了燕子，伯劳鸟东去，燕子西飞，短暂相遇之后就离别了。
- 反舌无声：再五日「反舌无声」。「反舌」是百舌鸟，喜欢学其他鸟的叫声，但此时不发声了。

黄梅时节

四时田园杂兴（其二）

宋·范成大

梅子金黄杏子肥，
麦花雪白菜花稀。
日长篱落无人过，
惟有蜻蜓蛱蝶飞。

约客

宋·赵师秀

黄梅时节家家雨，
青草池塘处处蛙。
有约不来过夜半，
闲敲棋子落灯花。

黄梅时节来到了，梅子变得金黄，杏子也已长得肥大了。放眼望去，远处大片大片的荞麦花像雪一样白，油菜花已开始凋谢，只剩下稀稀的残朵。正午时分非常安静，太阳在当空照着，篱笆影子在中午的阳光下变得更短了，没有人经过这里。只有蜻蜓和蝴蝶飞过，宋朝诗人范成大在《四时田园杂兴》里描写了安静美好的初夏田园风光。

在黄梅时节的中国南方，会持续一段较长的阴雨天气，因为正是梅子的成熟期，所以人们把这种阴雨天气称为“梅雨”。宋代诗人赵师秀的《约客》一诗，就写了梅雨季节的风景和人们的心态。阴雨连绵的梅雨季节，池塘水涨，蛙声不断，乡村的夜晚是那么清新恬静，描绘出一幅江南夏雨图，更表现出了诗人孤寂落寞的情怀。

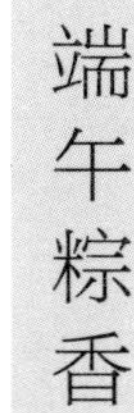

乙卯重五诗

宋·陆游

重五山村好，
榴花忽已繁。
粽包分两髻，
艾束著危冠。
旧俗方储药，
羸躯亦点丹。
日斜吾事毕，
一笑向杯盘。

农历五月初五是端午节，又称端阳节，是中国的重要节日之一。端午节吃粽子是民间久远的习俗。从馅料上划分，北方多包有小枣的枣粽；南方则有豆沙、鲜肉、火腿、蛋黄等多种馅料。宋代诗人陆游在《乙卯重五诗》的诗中写了当时的端午节习俗：山村里开满了火红的石榴花，人们吃了两只角的粽子，帽子上插着艾草。为了祈祷平安健康，又忙着储药和配药方，等忙完了这些事情，太阳已是西斜时分，家人早把酒菜备好，于是大家便高兴地吃喝起来。

节气游戏：和孩子一起编织端午五彩绳

为孩子系五彩绳是端午节的重要习俗，在端午节的清晨，大人起床后第一件大事便是在熟睡中的孩子手腕、脚腕、脖子上拴端午线，祈求吉祥。端午节戴五彩线是很有讲究的，五彩线是用五种颜色的线制成的，分别为青、白、红、黑和黄色。这五种颜色从阴阳五行学说上讲，分别代表木、金、火、水、土。

节气游戏：和孩子一起编织端午五彩绳

1 准备青、白、红、黑、黄五种颜色的细绳。

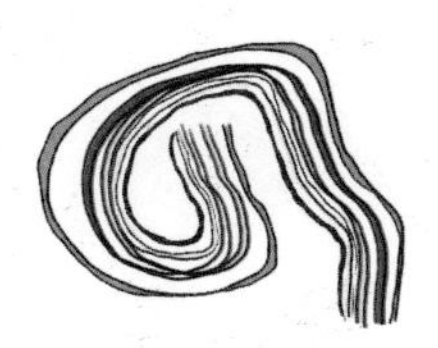

2 将五根细绳整理整齐，在上头打一个结。

3 把五条绳按下图所示摆好。

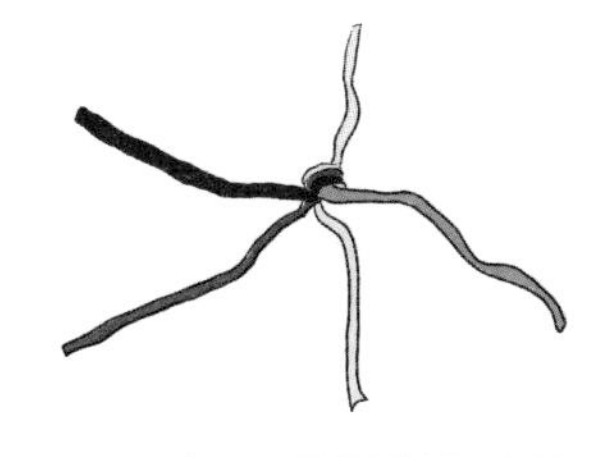

4 用白绳压住青绳。

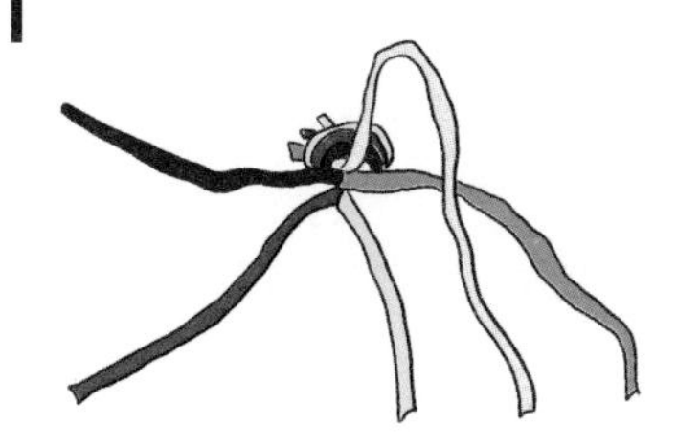

5 用青绳压住黄绳。

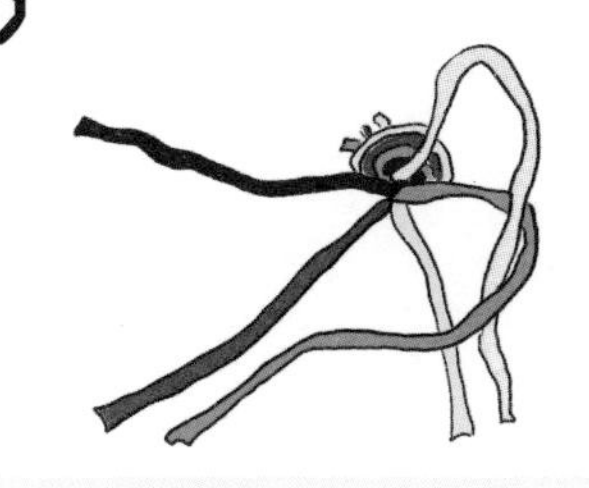

6 如下图，一根压住一根，摆放好。

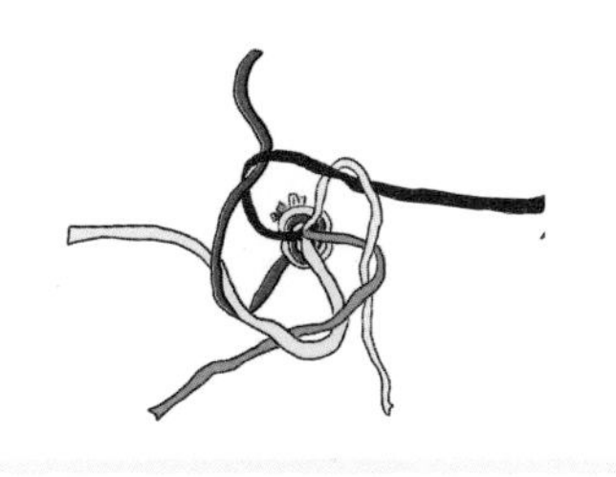

7 用力拉近五根绳子，第一段绳结做好。

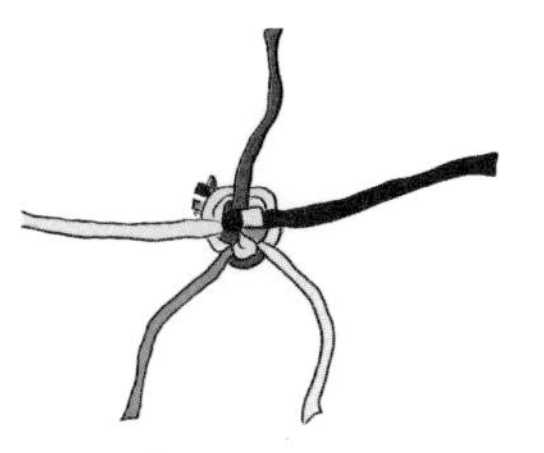

8 重复 3—7 的步骤编制，直到长度够做成手环。

9 用针线将手环连接起来。

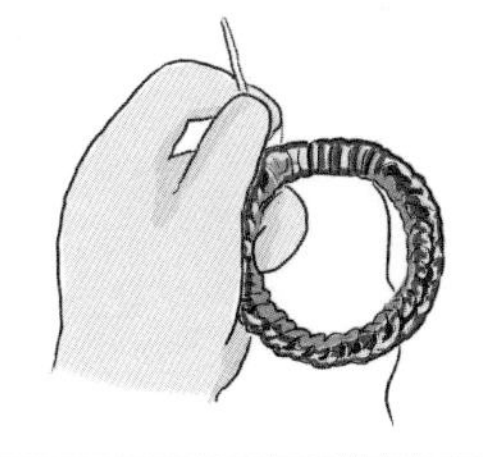

户外活动：送花神

在明、清时期曾流行芒种时节送花神的习俗。到芒种时，已经是农历五月，这个时期已经过了花开时期，群芳摇落，百花凋零，花神退位，人世间便要隆重地为花神饯行，以示感激花神给人间带来的美丽和呵护。于是，民间有了与迎花神对应的节日——送花神。在《红楼梦》中就有对送花神这一习俗的描写：大观园中的女孩子们，或用花瓣柳枝编成轿马，或用绫锦纱罗叠成干旄旌幢，都用彩线系在每一棵树头、每一枝花上。

吃粽子，洒白糖，
龙舟下水喜洋洋！
咱们的龙舟一定能得第一名，端午节快乐！

节气赏味

“五月五，是端阳；门插艾，香满堂；吃粽子，洒白糖；龙船下水喜洋洋。”端午节即将来临，端午节吃什么呢？粽子、咸鸭蛋、皮蛋等陆续登场逐渐成为饭桌上的“常客”。

夏至

夏至才交阴始生，
鹿乃解角养新茸；
阴阴蜩始鸣长日，
细细田间半夏生。

农历二十四节气中的第十个节气，交节时间点为公历 6 月 20—22 日。夏至为五月中，盛夏时节。“至”是极的意思，万物到这个时节都生长茂盛到了极点。夏至是一年中夜晚最短、白天最长的一天。俗语说：“吃过夏至面，一天短一线。”从这天开始，白天也开始一天比一天短了，古人认为，阳气到达极致，阴气便开始生长，阴阳此消彼长，周而复始。

夏至关键词

蝉鸣

荷塘胜景

日短夜长

所见

清·袁枚

牧童骑黄牛，
歌声振林樾。
意欲捕鸣蝉，
忽然闭口立。

蝉鸣

“蝉”俗称知了。蝉的一生经过受精卵、幼虫、成虫三个阶段。蝉的受精卵会孵化成幼虫，钻入土壤中，以植物根茎的汁液为食。幼虫成熟后，爬到地面，脱去自己金灿灿的外骨骼，羽化为我们常见的长有双翼的成虫。雄蝉腹部有发音器，像蒙上了一层鼓膜的大鼓，鼓膜受到振动而发出连续不断的尖锐的声音。清代文学家袁枚的《所见》一诗，描写了夏日牧童捕蝉的画面：在野外的林阴道上，牧童用稚嫩的童声唱着歌，听到树上的蝉鸣，忽然停住了唱歌，屏住呼吸站在树下，准备捕捉树上的蝉。

夏至三候

鹿角解：夏至之日「鹿角解（hài）」。古人认为鹿属阳性，角向前生长。夏至一过，白天开始变短，夜晚开始变长，鹿感受到阴气生长的变化，鹿角开始自然脱落。

蜩始鸣：夏至后五日「蜩（tiáo）始鸣」。蜩就是蝉，俗称「知了」，蜩具体指夏天的蝉，身体黑大，叫声响亮。

半夏生：再五日「半夏生」。这时意味着夏天过半了，半夏是一种白色的块茎植物，生长在阴湿的地方，可以入药，具有止咳化痰功效。

荷塘胜景

池上

唐·白居易

小娃撑小艇，
偷采白莲回。
不解藏踪迹，
浮萍一道开。

江南

汉乐府

江南可采莲，
莲叶何田田，
鱼戏莲叶间。
鱼戏莲叶东，
鱼戏莲叶西，
鱼戏莲叶南，
鱼戏莲叶北。

进入盛夏，气温升高，池塘里的莲叶生长速度加快，池塘里的荷花都开了，微风吹来，不断地送来缕缕清香。荷花也叫莲花，中国自古文人墨客都喜爱荷花出淤泥而不染的品质。《江南》是汉《乐府》诗集中的一首，可称得上是描写夏日莲花景色的鼻祖（乐府本是汉朝开设的一个掌管音乐的官职，也担负着采集民歌的任务，这些乐章歌辞后来就被称为汉乐府）。这首诗格调轻快，朗朗上口，描写夏日莲塘里莲叶迎风招展、欢快的鱼儿嬉戏游玩的风景和采莲人采莲的欢愉的心情。唐代大诗人白居易的《池上》同样也描写了夏日莲花池塘的胜景，小童撑着小船，偷偷地采摘荷花回来，不知道隐藏踪迹，离开时在池塘中留下被划开的一片浮萍。

日短夜长

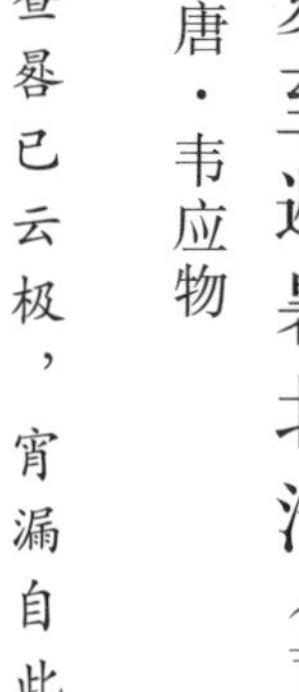

夏至避暑北池（节选）

唐·韦应物

昼晷已云极，宵漏自此长。
未及施政教，所忧变炎凉。

夏至是太阳的转折点，是一年中正午太阳高度最高的一天。民间有“吃过夏至面，一天短一线”的说法，意思是夏至这天之后，白天开始逐日变短。在北回归线以南的地区，人们在夏至正午时分，玩一种“立竿无影”游戏，就是将一根杆子垂直竖在地上，会短暂地出现没有影子的现象。唐代诗人韦应物在《夏至避暑北池》这首诗里写了夏至之后日短夜长的现象：在夏至这一天，昼晷所测白天的时间已经到了极限，从此以后，夜晚漏壶所计的时间会渐渐加长，还没来得及实施自己的计划，就已经忧虑气候的变化，冷暖的交替了。

节气赏味：吃夏至面

夏至、冬至和春节一样，属于民间重要的节日，我国大部分地区有夏至吃凉面的习俗，因为这个时候气候炎热，吃些生冷之物可以降火开胃。

夏至到了，小朋友们和我一起背有趣的夏日九九歌吧，里面还藏着乘法口诀呢！

夏至入头九，羽扇握在手；
二九一十八，脱冠着罗纱；
三九二十七，出门汗欲滴；
四九三十六，浑身汗湿透；
五九四十五，炎秋似老虎；
六九五十四，秋凉进庙寺；
七九六十三，夜眠寻被单；
八九七十二，被单换夹被；
九九八十一，家家找棉衣。

户外活动

夏至到来后，夜空星象也逐渐变成夏季星空。银河横卧天际，灿灿的星群在深蓝色的夜空里闪动。夏夜来到野外，可以教孩子认识夜空中的星系。

翻到下一页，立刻制作妮妮和萌萌虎的同款小猪扇子吧。

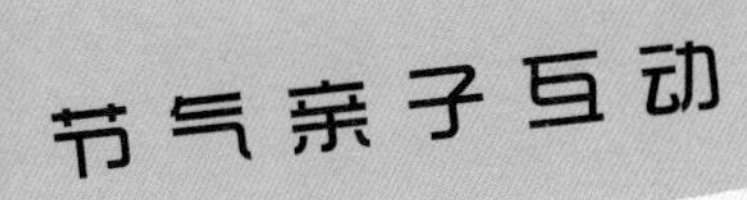

节气游戏

古时在夏至日，人们有互相赠送折扇风俗。小朋友们来制作扇子，互相赠送吧。

1 手工材料：彩色纸、雪糕棒、双面胶、海绵纸、剪刀。

2 正方形纸按下图所示折好。

3 用双面胶把三个组合在一起，组成一个圆。

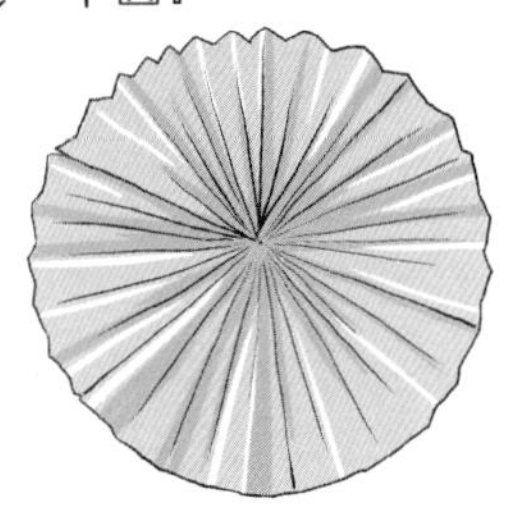

4 猪耳朵：剪一个三角形，做成如下图所示的样子。

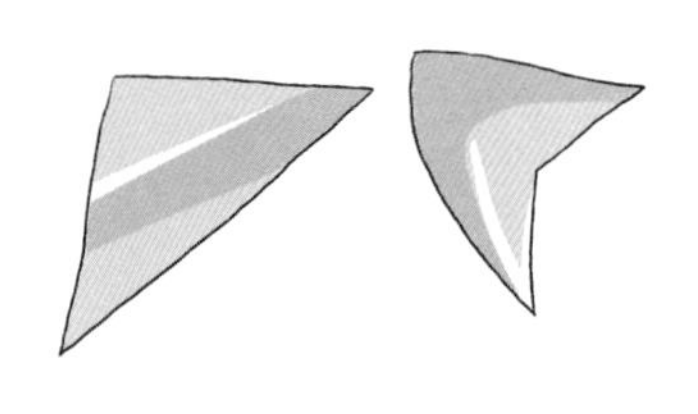

5 制作耳朵、眼睛、鼻子和鼻孔。

6 粘贴好雪糕棒。

纸扇就这样做好了。小朋友还可以根据动物们的特点来设计自己的个性纸扇。

小暑

小暑乍来浑未觉，
温风时至褰帘幙；
蟋蟀才居屋壁诸，
天崖又见鹰始挚。

农历二十四节气中的第十一个节气，交节时间点为公历 7 月 6—8 日。小暑为六月节，已到未夏时节。“暑”为热，“热”中又分大小，小暑开始天气已经变得十分闷热，但还没到最热的时候。南方的梅雨季节即将结束，而俗话说“小暑金将伏”，小暑之后，湿热难耐的三伏天马上要来临了，人们纷纷开始避暑纳凉。

小暑关键词

温风至

消暑纳凉

小暑六月节

唐·元稹

倏忽温风至，
因循小暑来。
竹喧先觉雨，
山暗已闻雷。
户牖深青霭，
阶庭长绿苔。
鹰鹯新习学，
蟋蟀莫相催。

温风至

小暑时节热风来袭，风中的热浪让人感觉透不过气来。唐代诗人元稹的《小暑六月节》诗中，生动地描写了小暑时节的节气特点：阵阵热风循着小暑节气而来，竹子的喧哗声已经表明大雨即将来临，山色灰暗仿佛已听到了隆隆的雷声；正因为炎热季节的一场场雨，才有了门户上潮湿的青霭和院落里蔓生的小绿苔；鹰感到阴气，学习搏击技能，蟋蟀也感受到肃杀之气，开始纷纷出穴不用互相催促。

小暑三候

温风至：小暑之日「温风至」。「温风」就是热风，此时闷热难耐，风中都带着热浪了，「三伏天」要开始了，天地间如同蒸笼。

蟋蟀居壁：后五日「蟋蟀居壁」。蟋蟀生活在砖石下、土穴草丛中，此时天气炎热，蟋蟀纷纷出穴，在野外鸣叫求偶。到天凉时，蟋蟀为了取暖会到离人近的地方，那时的院落里便能听到此起彼伏的蟋蟀叫声了。

鹰始击：再五日，「鹰始击」。这时候的鹰已经感受到秋天草木凋零的肃杀之气快要到来，开始练习在空中搏击的技能了。

消暑纳凉

纳凉

宋·秦观

携扙来追柳外凉，
画桥南畔倚胡床。
月明船笛参差起，
风定池莲自在香。

夏日南亭怀辛大

唐·孟浩然

山光忽西落，
池月渐东上。
散发乘夕凉，
开轩卧闲敞。
荷风送香气，
竹露滴清响。
欲取鸣琴弹，
恨无知音赏。
感此怀故人，
中宵劳梦想。

纳凉的意思是为避热而在阴凉处歇息。宋代诗人秦观在月明之夜，为了远离暑热，拄着拐杖在绿柳成行的画桥南畔，坐在胡床上，听着悠扬的笛声，感受着池莲的幽香，怡神闭目，享受着夏夜的悠闲。诗人在《纳凉》这首诗里，写了他月夜纳凉的情景。唐代诗人孟浩然的《夏日南亭怀辛大》，也描绘了夏夜乘凉的悠闲自得，并抒发了诗人对老友的怀念。

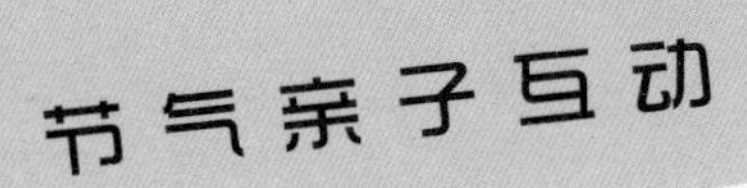

节气赏味：吃西瓜啦

小暑时节闷热难耐，应多吃祛暑的蔬菜瓜果，西瓜水分多、味道甜，是夏季不可或缺的美味。

自古以来以西瓜为题的诗不胜枚举，而最脍炙人口的当数文天祥的《西瓜吟》，寥寥数笔，言简意赅，就把西瓜的形、色、味及切西瓜的动作、吃西瓜的情景描绘得惟妙惟肖。南宋方回的《秋热诗》这样写道："西瓜足解渴，割裂青瑶肤。"西瓜，翠绿相间的波浪条纹，切开一口咬去，半块落肚，一种沁凉和甜津直抵肺腑，舒畅爽口，让人心旷神怡。

天气太热了，萌萌虎一天能吃一个大西瓜！

西瓜吟

宋·文天祥

拔出金佩刀，

斫破苍玉瓶。

千点红樱桃，

一团黄水晶。

下咽顿除烟火气，

入齿便作冰雪声。

长安清富说邵平，

争如汉朝作公卿。

节气游戏：西瓜皮小乌龟

所需材料：西瓜皮，小黄瓜，细树枝，剪刀，小刀。

1

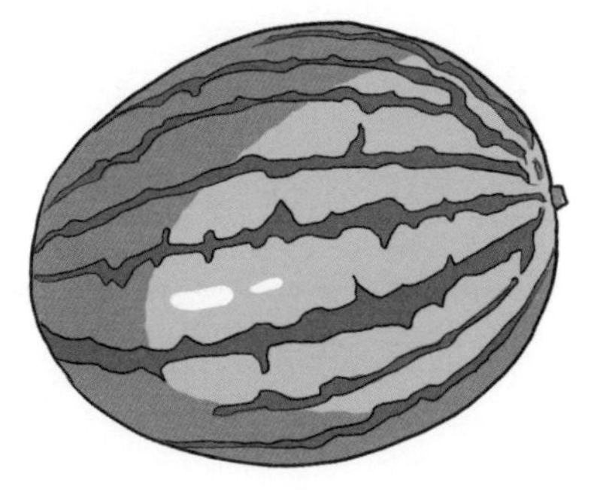

2

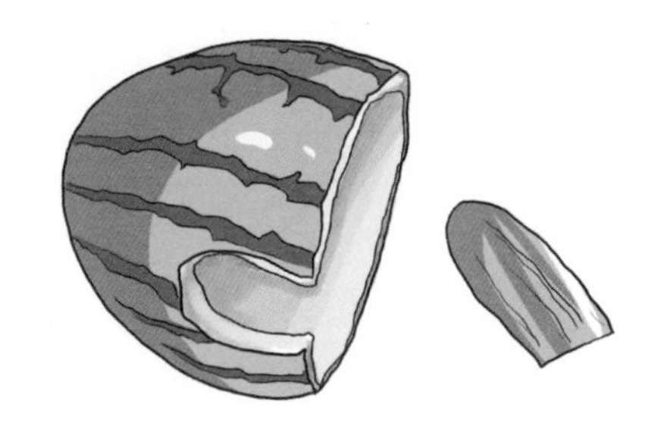

3

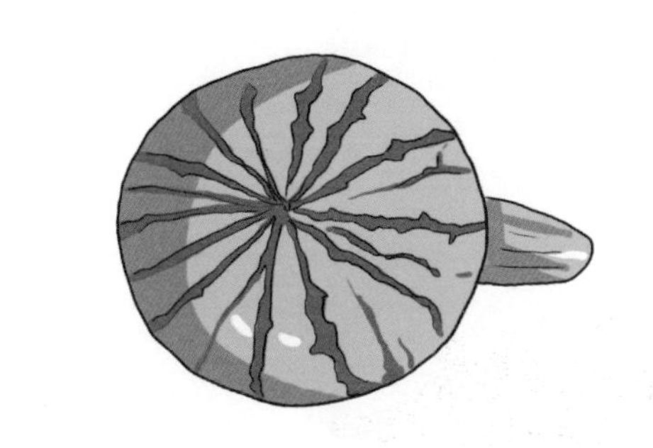

4

5

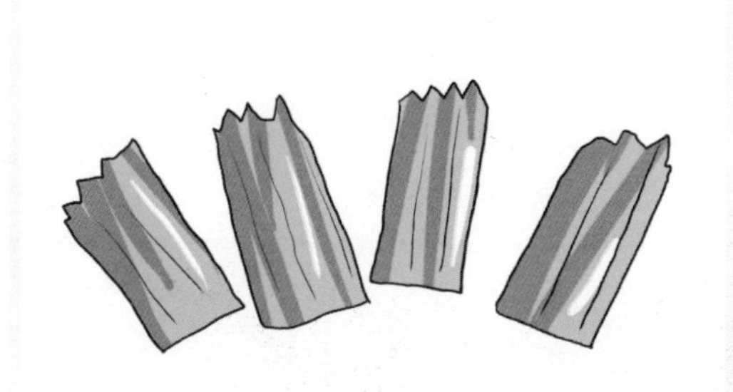

6

户外活动

农历六月的小暑节气正是荷花极盛之时，湖中的荷叶生长旺盛，密密层层地铺展开去，与蓝天相连接，一片无边无际的青翠碧绿；荷花亭亭玉立地绽开在其中，在阳光辉映下显得格外娇艳。放暑假时带孩子去名胜赏荷吧，推荐目的地：杭州西湖、北京圆明园、济南大明湖、扬州瘦西湖等。

晓出净慈寺送林子方

宋·杨万里

毕竟西湖六月中，风光不与四时同。

接天莲叶无穷碧，映日荷花别样红。

大暑

大暑虽炎犹自好，
且看腐草为萤秒；
匀匀土润散溽蒸，
大雨时行苏枯槁。

农历二十四节气中的第十二个节气，交节时间点为公历 7 月 22—24 日。大暑为六月中，天气热到极点。暑气蒸腾时，极其闷热，令人感觉仿佛在蒸笼之中。大暑时节，人们以各种方式乘凉避暑，夜晚户外活动增多，享受夏夜乐趣。大暑天气不稳定，常有突发性的大雨。

避暑

大雨时行

夏日山中

唐·李白

懒摇白羽扇，
裸袒青林中。
脱巾挂石壁，
露顶洒松风。

消暑

唐·白居易

何以消烦暑，
端坐一院中。
眼前无长物，
窗下有清风。
散热有心静，
凉生为室空。
此时身自保，
难更与人同。

避暑

古代没有像风扇和空调这样的降温工具，暑热难熬，因此古人就想出了各种各样的办法来避暑。唐代诗人李白有一年暑热时跑到山中避暑，他在《夏日山中》里，写了他赤身躺在山里的林中，享受山风徐徐吹拂的情景。唐代诗人白居易则是通过另一种方式避暑的，他在《消暑》一诗中写道，端坐在院子里的窗下，享受着清风吹来，他认为避暑心平气和最重要，心境静下来，身体就能凉下来。

大暑三候

腐草为萤：大暑之日『腐草为萤』。萤火虫是一种小甲虫，尾部能发出荧光。萤火虫喜欢在潮湿温暖的草木处生长。古人认为，萤火虫是腐坏的草变的，大暑后即将迎来立秋，当萤火虫在静夜里梦幻般飞舞的时候，预示着凉爽的秋天快要来临了。

土润溽暑：后五日『土润溽暑』。『溽』是湿的意思，这时的湿气很重，令人身体感觉难受。

大雨时行：再五日『大雨时行』，大暑天气潮湿闷热，常有滂沱大雨来临。

大雨时行

六月二十七日望湖楼醉书

宋·苏轼

黑云翻墨未遮山，
白雨跳珠乱入船。
卷地风来忽吹散，
望湖楼下水如天。

溪上遇雨二首（其二）

唐·崔道融

坐看黑云衔猛雨，
喷洒前山此独晴。
忽惊云雨在头上，
却是山前晚照明。

大暑时节暴雨天气较多，常常突发滂沱大雨。宋代诗人苏轼在《六月二十七日望湖楼醉书》的诗中就详细描写了大暑时节突遇大雨的情景：天上如墨的乌云翻滚着，瞬间暴雨如注，白色的大雨点砸在船上和水里，水花四溅，正当人们被这突如其来的大雨惊得不知所措时，一阵狂风卷过来，一下子把乌云和暴雨吹走了，云开日出，远远望去，湖面波光粼粼，水天一色。

唐代诗人崔道融也在夏日遇到了大雨，他看到大雨落在前山，头上却是太阳高照，转眼大雨就浇下来，再看前山那边的太阳已从乌云里露了出来。暑天暴雨真是来得疾去得快。

节气赏味

本节主题——感恩食物

最酷热难耐的时节，人们常常没有食欲吃不下饭，然而每一粒米都是通过辛勤劳动收获的，在如此暑热的时节，农家仍然顶着烈日劳作。

《朱子家训》里写道：一粥一饭，当思来处不易；半丝半缕，恒念物力维艰。意思是说：你吃的每一碗粥和饭，都来得不容易；你穿戴所需的每半根丝、每半缕线，都包含很多人的心血，要学会好好珍惜啊。

夏夜的萤火虫太梦幻了，小朋友们一定不要错过！

每一粒米饭都要吃干净，不剩菜，不剩饭，才对得起农民伯伯的辛苦。

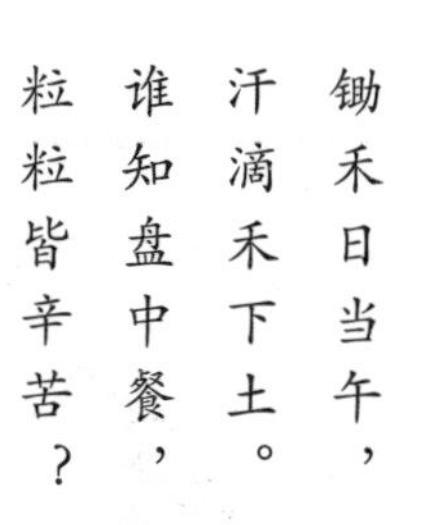

悯农（其二）

唐·李绅

锄禾日当午，

汗滴禾下土。

谁知盘中餐，

粒粒皆辛苦？

户外活动

大暑初候的夜晚，萤火虫在野外的夜空中一明一暗地闪着光亮，像一盏盏神秘莫测的小灯，点亮着夜空。家长可以带孩子去户外看萤火虫飞舞的美景。